なくむし

育てて、しらべる
日本の生きものずかん 11

監修　大谷 剛　兵庫県立大学名誉教授
撮影　安東 浩
絵　Cheung*ME

集英社

もくじ

なく虫は近くにいるよ …4
体のつくりを見てみよう …6
なく虫たちが大集合！…8
声をきいて　どの虫がいるか、あててみよう…20
なき方をかんさつしたよ…22
なく虫たちのくせを見てみよう…24
家のまわりを　さがしてみよう…28
なく虫の一生は　一年でおわる…30

この本に出てくるなく虫

- スズムシ…8
- エンマコオロギ…10
- ツヅレサセコオロギ…11
- ハラオカメコオロギ…11
- カネタタキ…12
- クサヒバリ…12
- カンタン…13
- クマスズムシ…13
- アオマツムシ…14
- マツムシ…15
- キリギリス…16
- ウマオイ（ハヤシノウマオイ）…17
- クツワムシ…18
- クサキリ…18
- ケラ…19

なく虫を育てよう…32

たまごをうませよう…34

なく虫たちのかおくらべ…36

なく虫おもしろちしき…38

なく虫は近くにいるよ

夏から秋にかけて、にぎやかになく虫たちは、みんなの家のまわりにも すんでいるよ。

> ぼくはスズムシ。はねを広げて なくんだ

スズムシは、リーン、リーンと、とてもいい声でなくよ。はねを立てて、大きく広げるんだ。

スズムシ、コオロギ、キリギリス……。この本に出てくる虫たちは、どれも はねをこすりあわせて なく虫です。みんな、夏から秋が大すき。家のにわでも、公園でも、げんきな声でないています。
小さくて すばしっこいので、つかまえるのはたいへん。でも、育てるのは かんたんです。そんな虫たちのひみつを見てみよう。

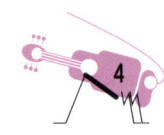

ゆうがた、石のかげから スズムシが出てきたよ。食べものを さがしているのかな。

体のつくりを見てみよう

はねをつかって なくのはオスだけ。スズムシの体を しらべてみたよ。

耳
前足のふたつめのふしに、丸く見えるのが、耳。虫のなかまでは、なく虫にしかないよ。

目
あみ目のようになっているね。小さな目があつまって、ひとつの目になっている。複眼というんだ。

オスのはねがわ
大きなはねに、あらい すじが たくさんある。これが、なく ひみつなんだ！

足
ぜんぶで6本あるよ。スズムシは地めんにいることが多いから、つめが小さいんだ。

産卵管
たまごをうむときにつかうよ。このくだをとおって、たまごが土の中にはこばれる。

尾毛
おしりに2本の長い毛が はえている。交尾のときに、おしりをくっつけるためにつかう。

はね
もともとは4まいある。でも、オスは なくときにじゃまな、下の2まいを すてちゃうよ。

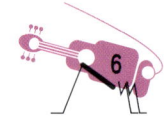

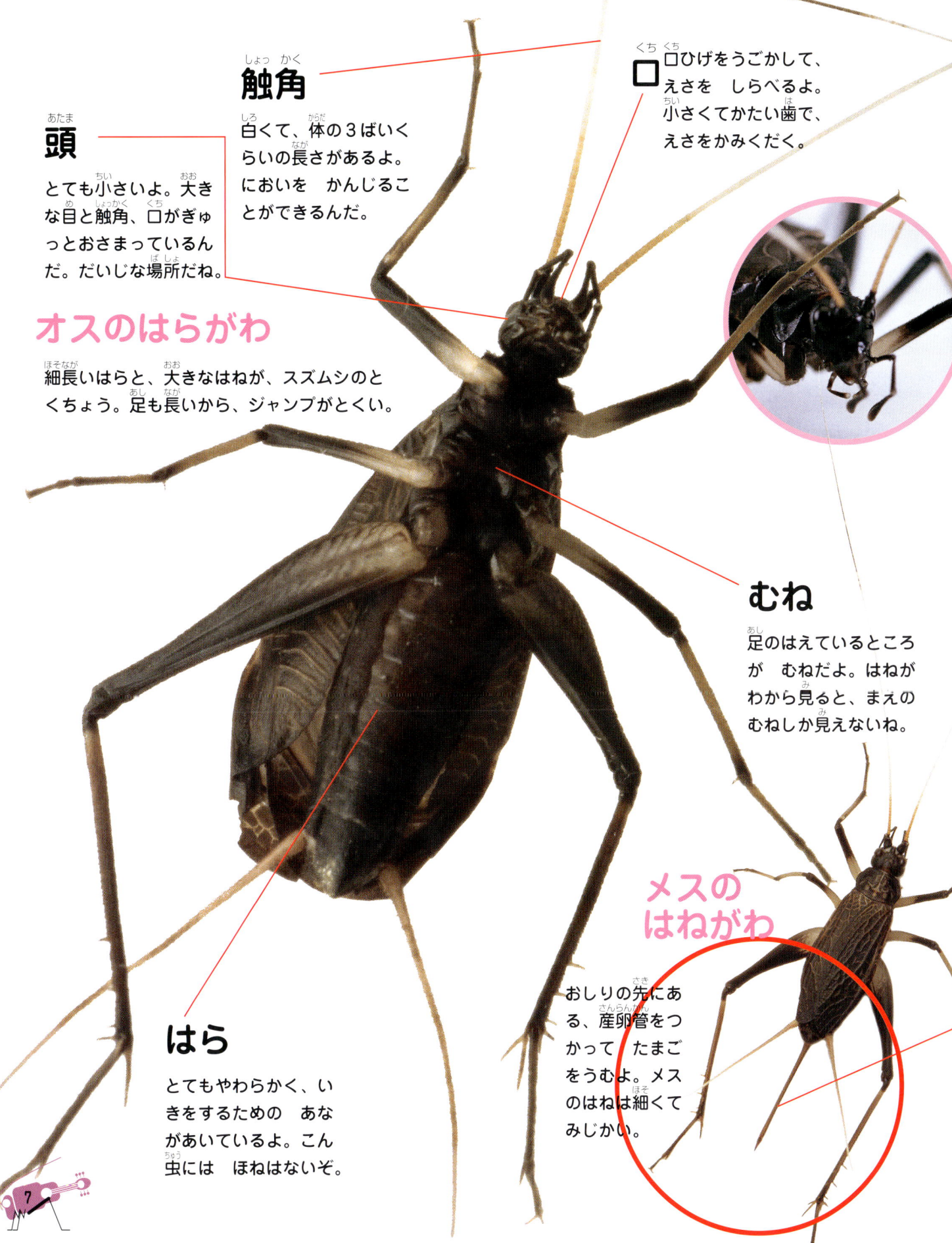

なく虫たちが大集合！

わかりやすい声でなく虫を あつめたよ。
きいたことあるのは、どの虫の声？

メス

スズムシは、細くのびるススキなどの草むらの下がすき。草にのぼるのは にがてだよ。

コオロギのなかまたち

地めんでくらす、コオロギのなかま。
どれも小さくて、すばしっこいぞ！

むかしから日本では大にんき！
スズムシ

リーン、リーン

生息地域／東北地方以南の日本全国
体長／17〜25㎜　なく時期／8〜10月

きれいな声でなく虫の だいひょう。虫かごでも かいやすく、たくさん ふえるぞ。

■生息地域は、おおよその地域です。
■体長は、成虫のオスの、触角をのぞく頭からはらの先までの、おおよその寸法です。

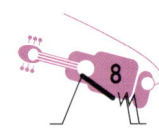

おどろいて草むらに にげこんだオス。ふつうは土の上でくらし、草にはのぼらないよ。

オス

家のまわりや、川の土手で つかまえやすく、じょうぶで育てやすい。はねをななめに立てて なく。

コオロギの なかまたち

家の近くにたくさんいるコオロギたちだよ！
かおが大きいから、見わけがつきやすいぞ。

白いまゆげみたいな もようがある　オス
エンマコオロギ

生息地域／本州、四国、九州
体長／26〜32mm　なく時期／8〜11月

もっとも体の大きなコオロギ。エンマさまみたいな、こわいかおからこの名がついたんだ。

ヒリヒリヒリ
リーリーリー

リー、リー、リー、リー、リー

オス

ツヅレサセコオロギ
体の半分くらいの　みじかいはね

生息地域／本州、四国、九州
体長／15～22mm　なく時期／8～11月

家のにわで、秋ふかくまで　ないているコオロギだよ。はりしごとのリズムでなくんだ。

ハラオカメコオロギ
平べったいかおがおもしろいぞ！

オス

ふつうは地めんの上で　なく。
リリリリリと5つの音か、
リリリリと4つの音を出すよ。

リリリリ、リリリリ、

生息地域／本州、四国、九州、対馬
体長／13～20mm　なく時期／8～10月

かおがぜっぺきになっているのは　オスだけ。
原っぱにいるから、このなまえがついたんだ。

コオロギのなかまたち

体が小さいなかまたち。
そっと さがしてみて。

学校へ行く道にも、きっといるよ。木のはだをちょろちょろ走るぞ。

とてもおぼえやすいなき声だよ
カネタタキ

生息地域／本州、四国、九州、沖縄、対馬
体長／10〜18mm　なく時期／8〜11月

家の かきね などにいる。冬になるころまで、ないている。とても、にげ足がはやい。

チン、チン、チン

オスのはねは とても小さいね。メスには はねがないぞ。

メス　オス

春のうちから高い声でないている
クサヒバリ

生息地域／本州、四国、九州、沖縄、対馬
体長／7〜8mm　なく時期／8〜10月

べつ名・アサスズ。ごぜん中によくなく。しげみで高い音を出す虫だ。

フィリリリリ…

見かけは じみだけど、声のかわいらしさでは、目立っている！

オス
メス

なく虫の女王さま
カンタン

せが高い草の はっぱの
うらがすき。すきとおった
はねを立てて なくよ。

オス

ルルル ルル…

生息地域／北海道、本州、四国、九州
体長／11〜20㎜　なく時期／8〜11月

ボクは
なき声を2回
かえるよ！

オス

はねのもようが スズムシそっくり
クマスズムシ

生息地域／本州、四国、九州、沖縄、対馬
体長／8〜11㎜　なく時期／8〜10月

ジリジリ…、
チリチリ…、
フィリリリ…

体ぜんたいがまっ黒で、はねがスズムシ
そっくりだね。とても高い声でなくよ。

オス

コオロギのなかまたち

東日本では なかなか見つけられない。
もともと中国からやってきたからかな。

なまえは にているのに、
せいしつは まるでべつ！
アオマツムシは木の上に。
マツムシは地めんにいる。

とかいの公園や なみ木にいるよ
アオマツムシ

生息地域／関東以西
体長／23〜28㎜　なく時期／8〜11月

大きな町にも すんでいて、夜、光にむかってとぶよ。さくらの木がとくに すきだ。ふつうは、せの低い草にはとまることはない。

リーィ、リィ リィリィ…

オス

うらがわも はっぱにそっくり。
オスは はねの色が こいよ。

メス

14

カマキリみたいな三角のかお
マツムシ

生息地域／関東以西の本州、四国、九州、対馬
体長／18〜38mm　なく時期／8〜11月

草たけの高い草原の地めんにいるよ。なき声は　かなりとおくからでもよくわかる。そっと近づこう。

マツムシはとてもおくびょう。かずも少なく、つかまえにくい虫だ。

チ、チロリ

オスは、はねをななめにたててなくよ。かわいた地めんが　すきだ。

足が長くて、ジャンプ力はばつぐん。しげみににげこまれないうちに　つかまえよう。

オス

メス

キリギリスのなかまたち

かおが長くて、細長い体がとくちょう。
ジャンプがじょうずなのも じまんだよ。

チョン、ギース

ピカピカ光って、かっこいい。足のとげで、ほかの虫をおさえこむ。

オス

１ぴきがなきだすと、つられて みんななきだす。たくさん育てていると にぎやかだよ。

夏の虫のだいひょう。大きな声で なくよ
キリギリス

生息地域／本州、四国、九州
体長／38〜57㎜　なく時期／6〜7月
夏、日あたりがいい場所で、大きな声でなくよ。かまれると とてもいたいぞ。

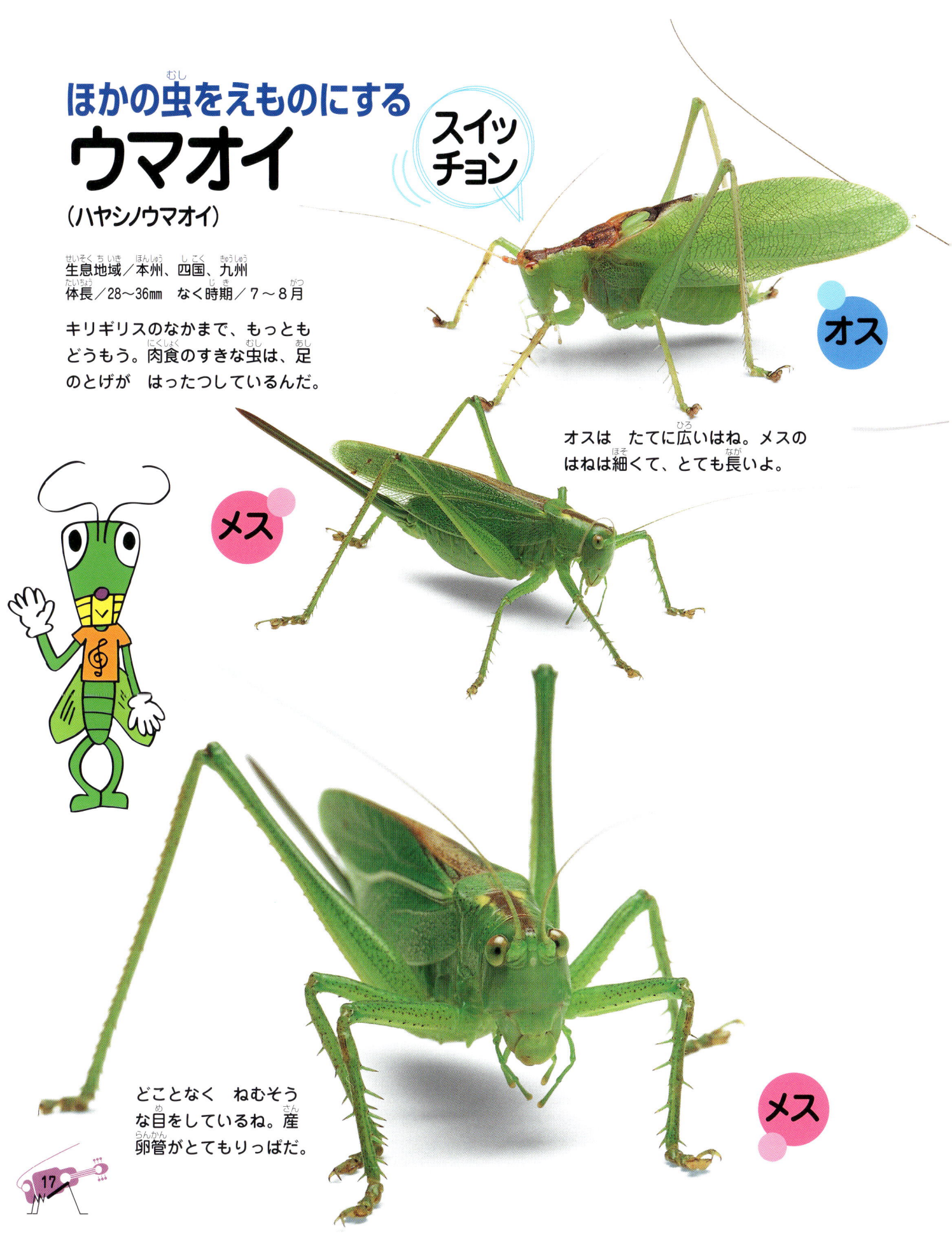

ほかの虫をえものにする
ウマオイ
（ハヤシノウマオイ）

生息地域／本州、四国、九州
体長／28～36mm　なく時期／7～8月

キリギリスのなかまで、もっともどうもう。肉食のすきな虫は、足のとげが はったつしているんだ。

スイッチョン

オス

オスは たてに広いはね。メスのはねは細くて、とても長いよ。

メス

どことなく ねむそうな目をしているね。産卵管がとてもりっぱだ。

メス

そのほかのなかまたち

クツワムシとクサキリはキリギリスのなかま。
ケラはケラのなかま。くらべてみよう。

バッタには、同じしゅるいで、色がちがう虫も多い。クツワムシもそう。

ガチャ、ガチャ

メス

オス

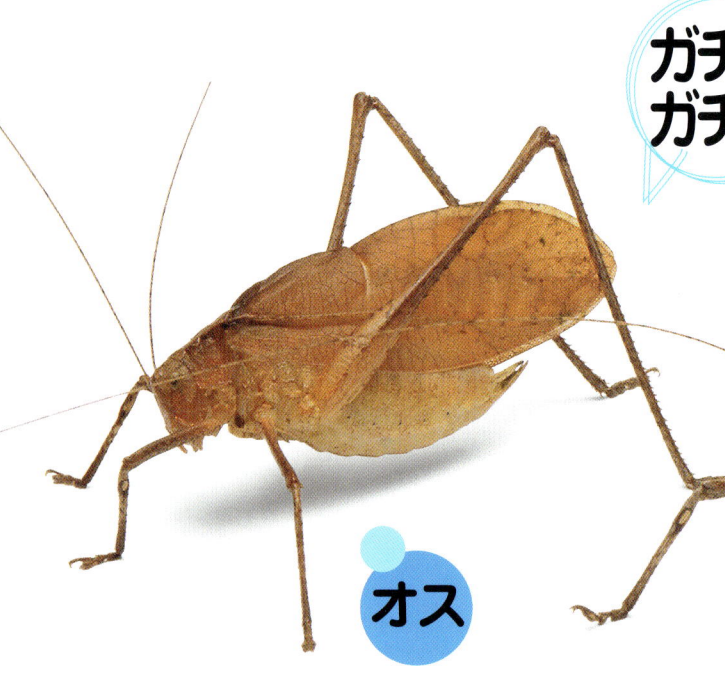

ロボットみたいにうごく
クツワムシ

生息地域／本州、四国、九州、対馬
体長／50〜53mm　なく時期／8〜10月

体が大きくて、ゆっくり、どうどうと うごく。でも、かずがへっていて見つけにくい。

メス

見つけるのは かんたん
クサキリ

生息地域／関東以南の本州、四国、九州、対馬
体長／40〜55mm　なく時期／8〜10月

のはらや かわらで、とても見つけやすい。前から見ると、頭がとがっているから すぐわかる。

オス

ひょろっと長い体つき。足が長いけれど、そんなに とばないよ。

ジィーーッ

オス

クツワムシは虫かごのかべをのぼるのもうまい。下から見てみよう。

モグラのように地めんにもぐる
ケラ

生息地域／日本全土
体長／30～35mm　なく時期／6～12月

前足で土をほって、トンネルをつくる。ないているところは、ほとんど見られないよ。

オス

ボー

オス

メス

上から見たクツワムシ。きれいな流線形をしているのがわかるね。

オスとメスのくべつはなかなかむずかしいぞ。はねのすじが ちがい、メスは はらがふとい。

なき方を かんさつしたよ

なく虫たちが ないている ようすを 見てみよう。どうやって なくのかな?

なく虫たちの多くは、オスしか なきません。ライオンのたてがみがオスにしかないように、また、クジャクのはねが オスのほうが はなやかなように、虫たちのオスは、大きなはねをもっています。じつは、なく虫のオスははねをつかって ないているのです。

かんさつ:1
どんなときに なくのかな?

メスをよぶために なくんだよ

オスは交尾をするために、メスをよぶんだ。大きくて、強い声でなくオスには、メスが引きよせられていくよ。

メスが近くにくると あまい声で さそうよ

メスがやってくると、けっこんするために、オスは ちがった声でなく。声のちがいが わかるかな。

なわばりあらそい で なくことも

せまい虫かごでは、オスどうしがおしりをむけあって なくことも。あいてが なく じゃまもするよ。

おまえが 出てけーっ

出てけーっ

22

かんさつ：2
はねに ひみつが あるんだって！

2まいの はねを こすりあわせて なく

かたほうの はねにはヤスリが、もう1まいの はねにはツメがあり、こすりあわせると音が出る。がっきと同じだよ。

はねを立てて なく スズムシ。すきとおった ぶぶんのやくわりは、音を大きくすること。

スズムシは はねを ま上に 立てて なく

虫によって はねの立て方がちがうぞ。ほかの虫はどうかな？

かんさつ：3
どうやって なくのかな？

ぜんしんを ふるわせるよ

ギューン

ないているスズムシをよく見よう。体ぜんたいを つかっているよ。

なく虫たちのくせを見てみよう

まいにち、なにをしてくらしているのかな。それぞれの虫によってくせが あるんだよ。

かんさつ：4
いつもなにをしてるのかな？

くらくなったらかつどう かいし！

あたりがくらくなると、かくれていた場所から出てきて、えさをさがしたり、大声でなきはじめる。

あかるい昼まはゆっくりおやすみ

地めんにいる虫は、夜、かつどうする。昼まは石のかげや 石がきのすきまで、体をやすめているよ。

かんさつ：5
スズムシの天てきは？

草むらには、こわ〜いあいても いっぱい

クモやトカゲのなかまは、スズムシがにがてな あいて。ニワトリなど、地めんをあるく鳥たちにも、食べられちゃうよ。

かんさつ：6
大すきな食べものはなに？

しんだ虫もよく食べるよ

スズムシは、草や花、しんだ虫などがすき。水は、草を食べたついでに、体に とり入れるよ。

★イオウイロハシリグモ　　写真／今森光彦（ネイチャープロダクション）

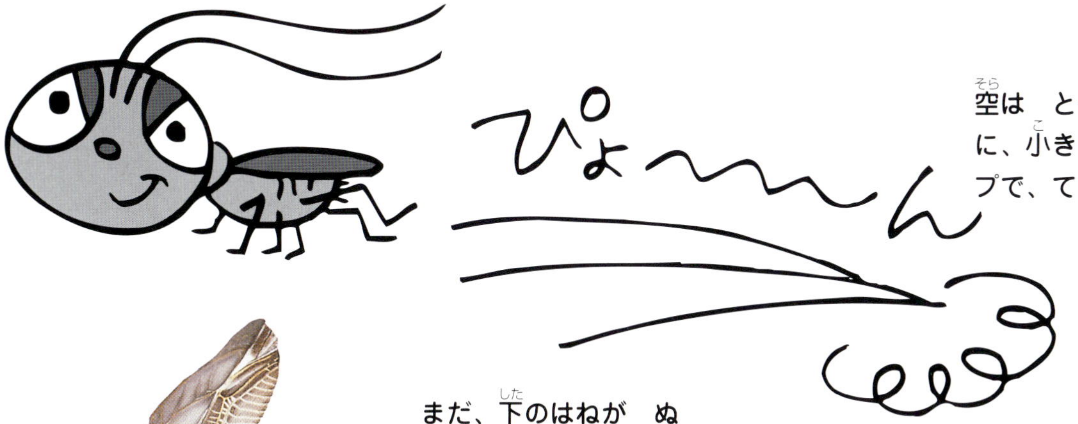

空は とべないかわりに、小きざみなジャンプで、てきからにげる。

ぴょーーーん

まだ、下のはねが ぬけていないスズムシ。羽化したばかりだよ。

かんさつ：7
スズムシはとべないの？

スズムシの はねはなくためのもの！

4まいのはねのうち下の2まいは、成虫になってすぐ、自分でぬいてしまうよ。なくとき、ちょっとじゃまだからかな。

かんさつ：9
スズムシもうんちするの？

うんちの形は食べものしだい

水みたいなものや、かたまりのものなど、いっぱいする。食べたものによって色もかわる。

スズムシの幼虫。ほら、うんちをしているよ。

コロコロしたうんちが出たよ。かたいものを食べたのかな。

かんさつ：8
スズムシはケンカしないの？

かっていると、オスとオスがケンカするぞ

しぜんのなかでは、しないよ。でも、育てていると、ときどき うしろ足をあげて、たたかうようすが見られるよ。

ボカ！スカ！
ボカ！スカ！

あれ！ なにをしているの？

かんさつ：10

うしろ足をそうじしているんだよ

長い足を きゅうくつに おりたたんで、足の先をなめているね。よごれを きれいにしているんだ。

おふろに 入るような ものだよ

触角をそうじしているよ

触角のよごれも、口できれいにしちゃおう。どの虫もするよ。

★クツワムシ

おこったときは前足をあげておこってみせる

キリギリスの目の前でぼうをふってみよう。にげずに 足をあげる。

★キリギリス

★ケラ

かんさつ：11
ケラくんは かわりものだよ

なんと！ 水めんを およげるんだぞ！
この本に出てくる虫のなかで、ケラだけはおよぎが とくい。体にはえた毛のおかげで、水をはじくんだね。

土の中をほって すを つくるよ！
大きなつめのある前足で、土にもぐって せいかつするよ。もちろん、なくのも土の中。トンネルほりの めいじんだ。

ケラのトンネル

前足にハート形の 器官があるんだ
木の上にすむ虫の足先は、きゅうばんのようになっている。これがあるから、ガラスにもくっつく。

かんさつ：12
ガラスをのぼる ひみつは、これ！

ココは 耳だよ
クツワムシの耳も前足にある。でも、足の外がわにあるんだよ。

★クツワムシ

家のまわりをさがしてみよう

なく虫たちは、草や木のまわりにくらしています。マンションのうえこみでも、生きることができるので、気をつけていると、どこででもなき声をきけて、見つけられます。

はだをきずつける草もあるから、長そでをきてね。虫を見つけたらすばやくケースにおいこむんだよ。

大きな四角いペットボトルを切って、先をさかさまにさしこんだケースをもっていこう。ケースをもっていないほうの手をひらひらふって、虫がケースににげこむようにしてね。

ぞうき林
林のまわりの草むらに、いろいろな虫がいるはずだ。低い木もすみかだ。

★マツムシ

石がき
石と石のすきまにスズムシがいるぞ。声がきこえたら、しずかに近づこう。

公園
せの低い木には、カネタタキや、カンタンがいるかも。あみで　すくおう。

にわ
コオロギたちがないているね。草をゆっくり　ふむと、とびだすよ。

かわら
いろいろな虫がすんでいる。草をふんだり、あみですくってみよう。

★ツヅレサセコオロギ

なく虫の一生は一年でおわる

ここではコオロギの一生を見てみるよ。幼虫は、にわや かわらで見つけやすいんだ。

たまご
秋に、土の中にうみつけられたたまご。すごく小さいから、見つけられない。たまごで冬をこすよ。

幼虫
春から夏にかけて うまれる。これが ふ化。コオロギの幼虫には、はらに白いせんがある。

体はまっ黒。小さいうちはオスかメスか わからないんだ。なんども脱皮して大きくなる。

脱皮
かわをぬぐこと。脱皮は、コオロギでは9かいか、10かいする。さいごの脱皮のすこし前で、メスは産卵管が長くなる。

交尾

メスはたまごをうむために、オスから白いふくろを うけとるよ。虫かごの中でもかんさつできる。

産卵

交尾をするとオスはすぐ しんでしまう。メスは、たまごをなんどかにわけて うんでから しぬ。

成虫

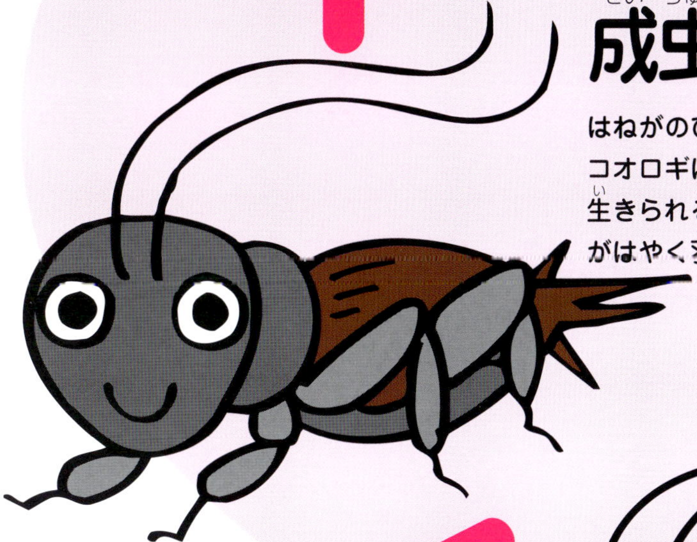

はねがのびて、おとなになったよ。コオロギは、成虫で2カ月くらい生きられる。ふつう、オスのほうがはやく羽化するよ。

小さな はねが目立つようになる。もういちど脱皮すると、成虫になる。これが羽化だ。

しゅうれい幼虫

★エンマコオロギ

脱皮したばかりの幼虫は、色がうすいよ。ぬいだかわは、食べてしまうことが多い。

なく虫を育てよう

スズムシと
キリギリスの育て方を
しょうかいするよ。
きれいな声を たのしもう。

ここでは土や、すなを よういしましたが、これは たまごをうませるため。成虫を育てるだけなら、土や すな が ないほうが、うんちや えさの食べのこしなどのそうじが らくです。
日の光があたらない場所で育てましょう。

**スズムシ
コオロギ**

えさは？

キュウリやナスが すき。土がつかないようにしよう。カツオブシも入れてあげてね。

ポイント

木のいたなどの とまり木は、幼虫にとっては脱皮の場所に、成虫にはかくれ場所になるから、ぜったい わすれないでね。やさいは くしにさすと くさりにくい。

32

よういするもの

草 または いた ＋ 土か すな ＋ 虫かご

- **草**：キリギリスのなかまには、つかまえた場所の近くの草を入れよう。
- **いた**：コオロギやスズムシには、とまり木がひつよう。木のいたがいいよ。
- **土か すな**：あつさ５㎝くらい しいてあげると、たまごを うみやすいんだ。
- **虫かご**：育てる かずによって、大きさをえらぶ。小さいと けんかするよ。

キリギリス

かってに にがしたら ダメだよ～！
虫たちを にがすときは、つかまえた場所にしよう。場所によってせいしつがちがうからだ。

きりふき
虫は かんそうがきらい。まいにち、１回、水をひとふきして。

えさは？
やさいではタマネギもすきだよ。キリギリスは肉食だから、にぼしを入れてあげよう。

たまごをうませよう

なく虫たちは、冬が近づくとたまごをうむよ。つぎの年がたのしみ。

育てた虫に、たまごをうませましょう。なく虫たちは、たまごでその年の冬をこし、よく年の春から夏にかけてふ化します。オスとメスをいっしょに育てると、虫たちはたまごをうみます。交尾から見てみよう。

かんさつ:13
交尾のようすをかんさつしよう

メスにおしりをむけてオスが ないているよ

触角でメスがいることに気づいたオスは、おしりをメスにむけて、大きな声でなきだすよ。

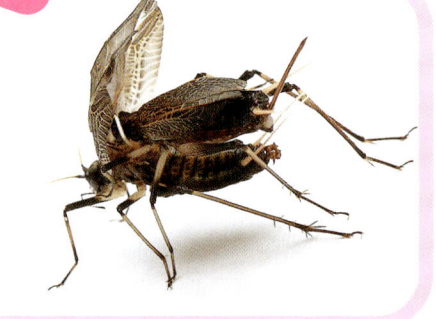

メスがオスのせなかをなめているよ

スズムシのオスのせなかからは、メスがすきな えきが出る。コオロギにはない。

オスがメスに、白いふくろをわたしているよ

オスはおしりから 小さなふくろを出して、メスのおしりに くっつける。

34

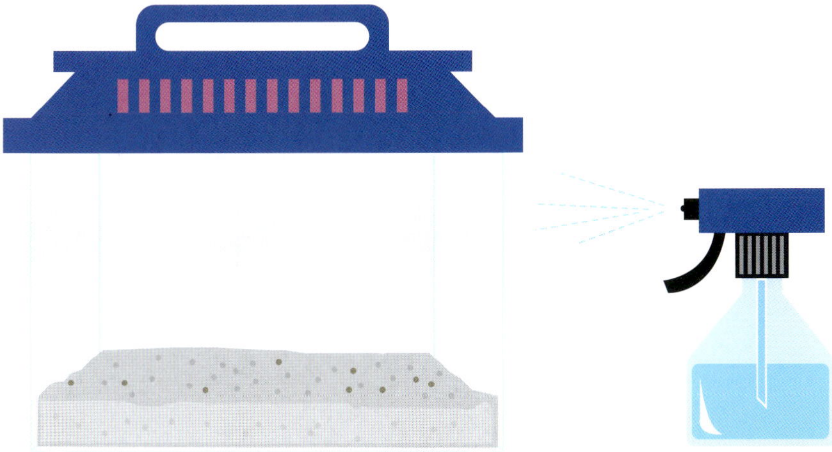

かんさつ：15

たまごの入った水そうは？

まいにち、きりふきで水をかけてあげよう。つぎの年の夏になったら、ふ化する。

かんさつ：14

産卵のようすをかんさつしよう

産卵管を土の中にさしこんで、うむよ

スズムシのメスは、土に産卵管をさして、1回に50コのたまごをうむ。なん回も、産卵するよ。

産卵管は2まいにわかれている

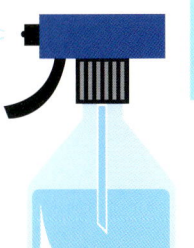

1本の くだではなく、2まいが あわさってできている。あいだから たまごが出てくる。

ちっちゃーい たまご

たまごは、米つぶより小さい。土をほりかえして見ても、よくわからないよ。そっと しておこう。

なく虫たちの かおくらべ

かおを ならべて くらべて みたよ。
しゅるいに よって すごく ちがうね。

虫たちの体は、生きていくのに つごうよくできています。かおを見て、どんな食べものが すきなのかなど、いろいろなことを かんがえてみましょう。

マツムシ
小さくて、アゴがとがっているね。かむ力はそれほど強くなさそう。

クサキリ
口が小さいから、おもな食べものは、草だとわかるよね。

エンマコオロギ
丸みのある大きなかお。目が大きいから、夜、ものを見るのがとくい。

写真／オアシス

ケラ
うっすらと毛がはえているよ。土や水などをはじくためなんだね。

ウマオイ
大きな口で、ほかの虫を がぶり。強そうな歯がじまんだ。

キリギリス
目は小さいから、昼まによく かつどうすることがわかる。

ハラオカメコオロギ
おでこからアゴにかけて、まっすぐな かお。とても かわっている。

写真／海野和男（ネイチャープロダクション）

おめんを作って虫にへんしんしよう！
なく虫は なき声だけでなく、かおでもちがいがわかるよ。イラストをかくだいコピーして、色をつけ、おめんを作ろう。

これはエンマコオロギ。大きな目で、触角が下のほうについているよ。

キリギリスの かおだよ。目が小さく、上のほうに ついているね。

なく虫おもしろちしき

知っておくと ためになる、まめじてん！

なく虫は いつからいるの？

虫が陸でくらしはじめたのは、4おく年前。なく虫のそせんは3おく年前にうまれたよ。バッタに近いなかまの化石は、1おく2000年前のが見つかっている。

4おく年前にいた、イクチオステガは、はじめて陸をあるいた生きものだ。

なく虫って、なんしゅるいいるの？

世界に やく **21400** しゅるい
日本に やく **450** しゅるい

これは「音を出す」虫のかず。そのうち、はねで「なく」のは、280しゅるいくらいだ。外国には、日本の48ばいものなく虫がいるんだね。でも、外国では虫は家であまりかわれていない。

はねをこすりあわせない なき方の虫もいる

虫のなかには、はねがないのに音を出すものもいるよ。コロギスやバッタのなかまだと、足をつかって音を出す虫がいるぞ。

かわらによくいるトノサマバッタは、交尾のときに なくことが多い。

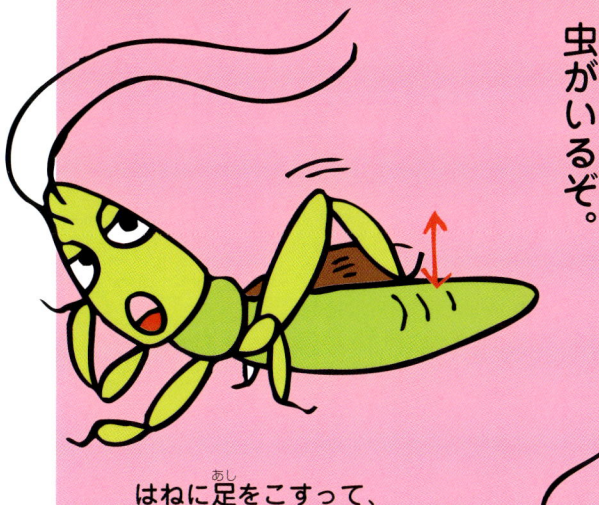

はねに足をこすって、音を出すなかまは、バッタに多いんだ。

コロギスは なかないけれど、うしろ足のかかとをつかって、木のはを たたいて音を出すよ。

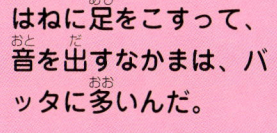

よその国からきた 虫もいるよ

外国からきて、すみついた虫もいる。この本に出てきたアオマツムシは、めいじじだいに中国からきたことがわかっている。

スズムシのふしぎな こうどう

スズムシのオスがおしりを地めんにこすりつけていることがあるよ。交尾のあと、おしりのそうじをしているらしい。

監修／大谷 剛　兵庫県立大学名誉教授
撮影／安東 浩
絵／Cheung*ME
装丁・デザイン／M.Y.デザイン
　　　　　　　（赤池正彦・吉田千鶴子）
編集／エディトリアル・オフィス・ワイズ
校閲／鋤柄美幸

育てて、しらべる
日本の生きものずかん　11
なくむし

2006年2月28日　第1刷発行
2016年6月 6 日　第2刷発行

監修　　　大谷 剛
発行者　　鈴木晴彦
発行所　　株式会社　集英社
　　　　　〒101-8050　東京都千代田区一ツ橋2－5－10
　　　　　電話　【編集部】03-3230-6144
　　　　　　　　【読者係】03-3230-6080
　　　　　　　　【販売部】03-3230-6393（書店専用）
印刷所　　日本写真印刷株式会社
製本所　　加藤製本株式会社

ISBN4-08-220011-8　C8645　NDC460

定価はカバーに表示してあります。
造本には十分注意しておりますが、乱丁・落丁（本のページ順序の間違いや抜け落ち）の場合はお取り替え致します。
購入された書店名を明記して小社読者係宛にお送り下さい。送料は小社負担でお取り替え致します。
但し、古書店で購入したものについてはお取り替え出来ません。
本書の一部あるいは全部を無断で複写・複製することは、法律で認められた場合を除き、著作権の侵害となります。
また、業者など、読者本人以外による本書のデジタル化は、いかなる場合でも一切認められませんので
ご注意ください。
©SHUEISHA 2006　Printed in Japan